嗷！我是棘龙

江　泓 著　　威廉旺卡先生 绘

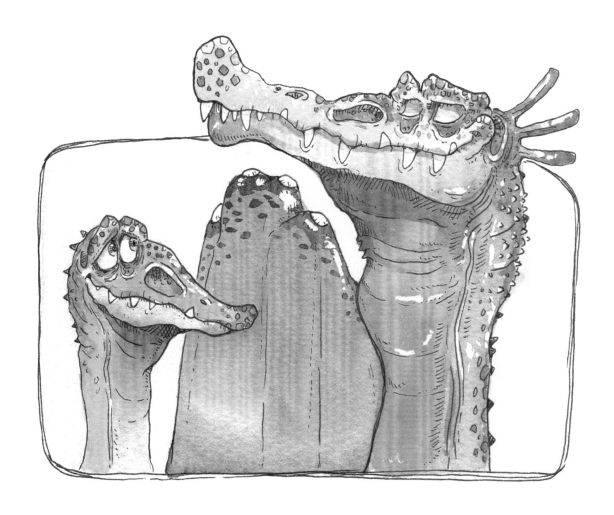

　　我叫高帆，是一只雄性棘龙，今年 20 岁，已经成年了。我的个头很大，体长 16 米，加上背脊，高度超过 5 米，体重超过 10 吨。因为我的背脊像帆一样高，所以大家都叫我高帆。

北京科学技术出版社

7月2日

　　今天，像往常一样，我与断爪一起外出捕鱼。阳光照在我庞大的身体上，我感觉全身都暖暖的。棘龙用四条腿走路，由于前后肢的比例问题，我行进的速度并不快。走了一会儿，我抬起头，看到远处有几只索伦龙向我们跑来。虽然索伦龙是凶猛的肉食性恐龙，但是我并不害怕。

那些索伦龙从我和断爪身边跑了过去。正当我以为他们已经跑远了的时候，突然身后传来了挑衅的声音："又带你儿子出来玩啦？可别让他走丢了！"

我回过头，打算教训一下这群没有礼貌的家伙，却发现他们已经跑远了。

我和断爪从小玩到大，形影不离。不过，这几年，我和他的个头差距越来越大。现在我已经比大部分棘龙都要高大了，而断爪看上去还是个小不点。

之前，我一直保护断爪，也经常帮他收拾烂摊子。但是，今天听到索伦龙的话后，我忽然觉得不应该再和断爪一起行动了。

"我们都长大了，应该独自行动了！"我对断爪说。

断爪听了很伤心，但没有说什么，转身低着头离开了。看着断爪远去的背影，我突然有些舍不得。

7 月 13 日

　　独自生活让我觉得莫名的兴奋。中午，我赶跑了一只鲨齿龙，享用了原本属于他的午餐。尽管我们棘龙主要以鱼为食，但偶尔也会吃其他恐龙。在这片栖息地上，没有哪种肉食性恐龙比我们个头更大！

去河边喝水的时候，我竟然遇到了舅舅。舅舅问起断爪，我告诉舅舅我们已经分开了，都好久没有见过面了。舅舅听了，为我失去好朋友感到惋惜。

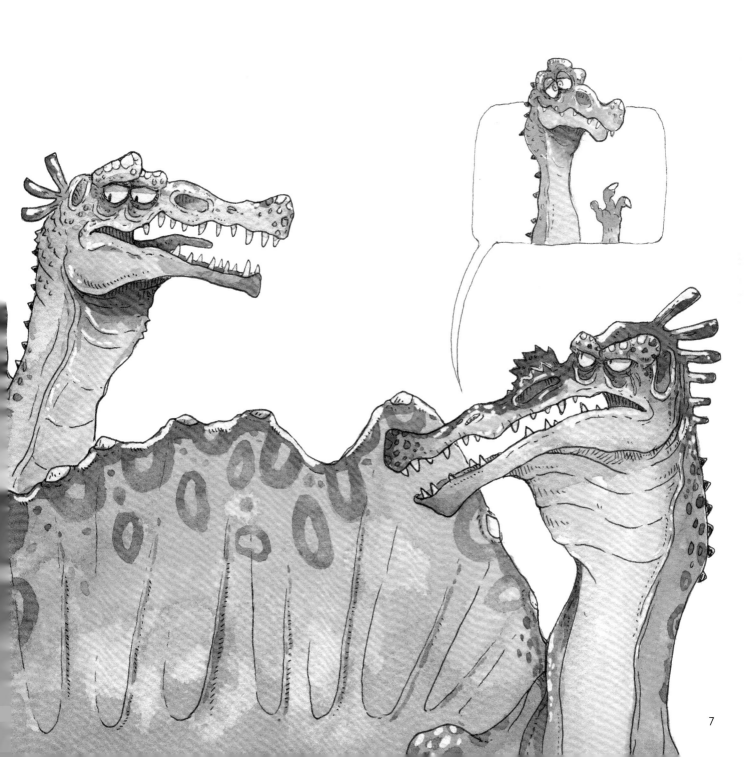

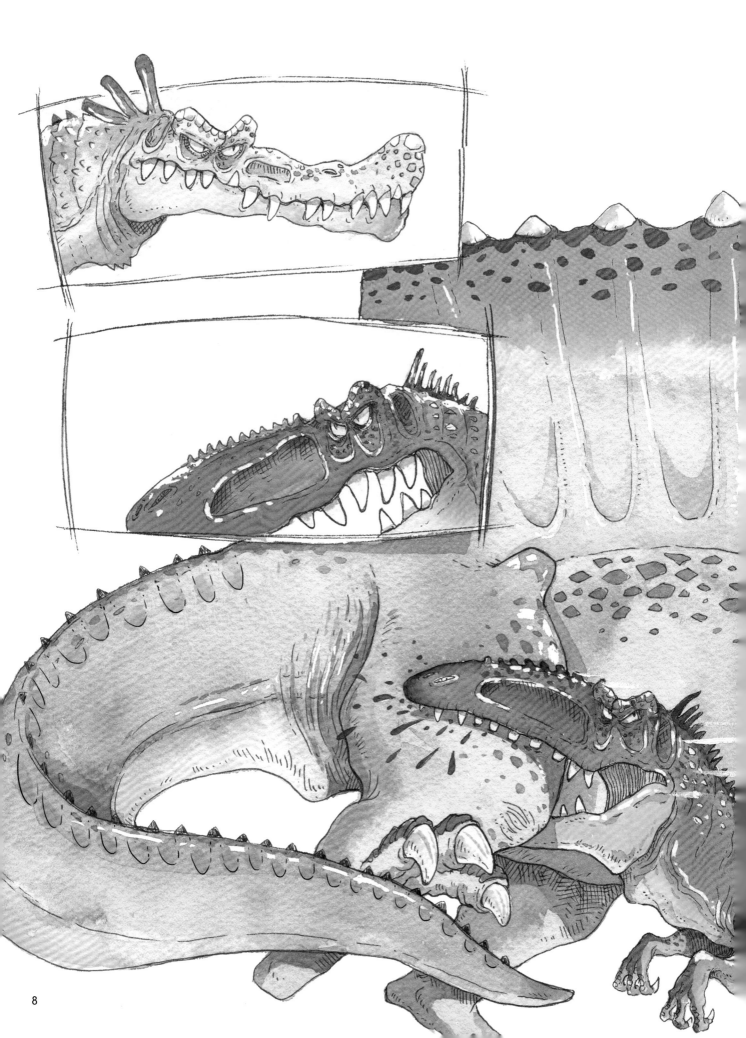

7 月 16 日

　　我抢了鲨齿龙的食物这件事很快传开了。大家知道平时耀武扬威的鲨齿龙被我打败了，纷纷嘲笑他。傲慢的鲨齿龙觉得很丢脸，于是要和我决斗。

　　我本来不想理他，但看他那气势汹汹的样子，就知道躲不掉了，只得应战。与鲨齿龙这样巨大的肉食性恐龙搏斗，一定要小心，因为他的嘴里长有锋利的牙齿。决斗开始后，我沉着应对，用爪子击伤了鲨齿龙，获得了胜利。但是，我的后腿也被鲨齿龙咬了一口，幸好我伤得不重。

7 月 25 日

因为受伤，我无法下水捕鱼。我一直吃不饱，越来越瘦，越来越虚弱。

　　我拖着无力的四肢再次来到常去捕鱼的河边，希望能找个机会填饱肚子。

　　让我感到意外的是，今天岸上竟然有好多条新鲜的大鱼。我小心地四处张望，确定这些鱼没有主人后，开始狼吞虎咽地吃起来。啊，好久没有像这样饱餐一顿啦！

7 月 30 日

　　连续几天，我只要到河边，就能在岸上看到新鲜的鱼，却始终没有发现鱼是谁抓的。

　　今天早晨，我特意起了个大早，去河边一探究竟。结果，眼前的一幕让我惊呆了——断爪正将鱼一条一条地从河里扔到岸上。原来是断爪在暗中帮助我。我大声喊他的名字，他回头看到我，忙潜入水中游走了。

8月3日

　　因为有断爪的帮助，我很快恢复了健康。今天，我走了很远的路，到达了河口，潜入水下后，经过一番搜寻，我抓住了一条6米长的大锯鳐，美美地饱餐了一顿。旁边的几只棘龙看到这一情景，惊得目瞪口呆——他们可抓不到这么大的鱼。

8月5日

今天，我向消息灵通的翼龙打听断爪的消息。翼龙告诉我，他被索伦龙打伤了。原来，几只索伦龙想抢夺断爪捕的鱼，断爪奋力抗争，但势单力薄，被迫逃入水中才保住了性命。他受了很严重的伤！

经过几天的搜寻，我终于找到了索伦龙的老巢。趁他们睡觉的时候，我冲进他们的巢穴，狠狠地教训了他们一顿，并警告他们以后不准再找断爪的麻烦。

8 月 10 日

　　今天突然起大雾了，什么都看不清了。我听到一只小恐龙惊慌的叫声，走近一看，原来是一只小雷巴齐斯龙，他找不到家人了。见到我，小家伙吓得转身就跑。我告诉他我不会攻击他的。小雷巴齐斯龙不太相信我的话，只是远远地跟在我的身后。

大雾散去后，我帮小雷巴齐斯龙找到了他的家人。雷巴齐斯龙们非常感激我，围着我唱起了悠扬的赞歌。不知为什么，面对这种超高规格的礼遇，我有些不知所措。这时，我突然想起了断爪，每次他走丢了，我都会把他找回来。

8 月 12 日

　　今天，我在湖边捕鱼时听到了一阵呼救声，原来是一只三角洲奔龙溺水了。他在水中拼命挣扎着，扭动的身体击起了好多水花。

　　我把三角洲奔龙拖上岸，发现他的腿被咬伤了。他告诉我，自己原本像往常一样在湖边喝水，谁知一只"大怪物"突然从水底冲上来咬住了他并把他拖进了水里，要不是我及时赶到，他肯定被吃掉了。

8 月 13 日

　　雷巴齐斯龙提醒我最近不要去西边的湖泊，因为那里出现了一只巨大的帝鳄。这只帝鳄成了湖中的恶魔，常常潜伏在水中，专门袭击前去喝水的恐龙。已经有不少恐龙被他吃掉了。

8月16日

　　为了躲避帝鳄，我最近都去海边捕鱼。今天，我在海里抓了一条腔棘鱼。我准备吃鱼时，却看到不远处的森林中冒出了滚滚浓烟。我听到了恐龙的惨叫声，他们在大火中绝望地呼嚎。我心急如焚，却无计可施，只能默默祈祷我的朋友们没事。

8 月 20 日

森林大火一连烧了好几天才熄灭，留下一片灰黑色的焦炭。皱褶龙正在啃食一具恐龙的遗骸。我从远处仔细观察，发现那遗骸上有着和我一样的背帆，这让我心中不由一紧——难道是断爪？

我朝皱褶龙冲了过去，他看到我后立即逃走了。我直接跑到遗骸旁细看……这也是一只棘龙，个头与断爪差不多。我注意到这只棘龙的爪子是完整的，而断爪的爪子少了一截，所以他不是断爪。我松了一口气。

23

8月23日

　　今天，我在河边遇到了几只小棘龙，他们看着我巨大的身躯非常羡慕。我告诉他们，要想长得像我一样，就要多吃鱼。我打算教小棘龙们一些捕鱼的绝招，却发现他们都已经熟练掌握了。这些绝招明明都是我独创的，他们怎么无师自通了呢？

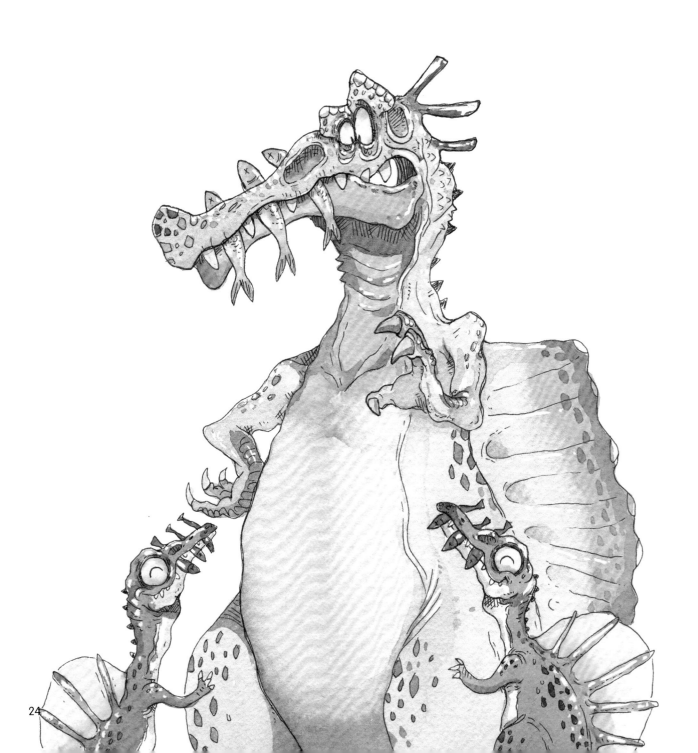

　　又和他们聊了一会儿我才知道，原来断爪之前遇到过
这些小家伙们，并将我的捕鱼绝招传授给了他们。断爪经
常照顾这些小棘龙，教他们捕鱼，保护他们的安全，就像
大哥哥一样。断爪真是好样的！

8 月 27 日

　　帝鳄不断袭击恐龙，甚至爬上陆地捕食，许多恐龙不得不逃离这里。这里原有的平静生活被帝鳄打破了。我想赶走这个家伙，却不知道自己能不能做到，有些犹豫不决，所以迟迟没有行动。

这天，翼龙急匆匆地飞来告诉我，断爪去了帝鳄藏身的湖泊。想到好朋友可能正身处危险之中，我焦急万分，来不及想太多，立即奔向湖泊。

还没到湖边，我就听到了巨大的响声——断爪已经在水里和帝鳄展开了激烈的搏斗。断爪正咬住帝鳄的后腿，帝鳄则咬住了断爪的长尾巴。看到这一幕，我大吼一声便冲了上去，用大爪子猛击帝鳄的脑袋，疼得他立刻松开了嘴巴。我和断爪交换了眼神，齐心协力抓住帝鳄的尾巴，把他拽到了岸上。

　　上岸后的帝鳄远没有在水里灵活，他一改过去的凶残，开始
不停地求饶。我警告帝鳄赶快离开这里，否则让他看不到明天的
太阳。帝鳄乖乖地答应了，灰溜溜地离开了。
　　我和断爪互相看看，一起大笑起来。

棘龙

棘龙是一种外形非常特别的大型肉食性恐龙，它们的背上长着背脊。其实，直到现在，古生物学家也没弄明白它们身上的背脊到底是干什么用的。

棘龙的脑袋又长又窄，有些像鳄鱼。棘龙长着锋利的圆锥形牙齿，这种牙齿虽然不适合撕咬，但适合穿刺和固定，这说明棘龙主要以滑溜溜的大型鱼类为食。

我们对棘龙的认知随着其化石不断被发现而逐渐改变。例如，起初我们认为棘龙是靠后肢站立行走的，但发现了完整的后肢化石后才知道它们是靠四肢行走的。

最新的研究证明，棘龙的尾巴上长有鳍，有些像鳗鱼的尾巴。棘龙在陆地上行走时这样的大尾巴是个累赘，可进了水中大尾巴能产生很强的推力。棘龙长有鳍的尾巴表明棘龙是游泳好手，它们应该是自己家族中最会游泳的恐龙，完全配得上"潜水渔夫"的美称。

有圆锥形的牙齿

前肢上长有
弯曲的爪子

能够像鳄鱼一样在水中游泳

作者：汝民小滥女·江添
2020.3.12

将此书献给我的光与小天使：李泽慧、江雨橦

——江泓

"勇敢和友情都很珍贵！"

高帆和断爪
8月27日

图书在版编目（CIP）数据

啵！我是棘龙 / 江泓著；威廉旺卡先生绘 . —北京：北京科学技术出版社，2022.3
ISBN 978-7-5714-1768-0

Ⅰ. ①啵… Ⅱ. ①江… ②威… Ⅲ. ①恐龙－少儿读物 Ⅳ. ① Q915.864-49

中国版本图书馆 CIP 数据核字（2021）第 171261 号

策划编辑：代 冉 张元耀	电 话：0086-10-66135495（总编室）
责任编辑：金可砺	0086-10-66113227（发行部）
营销编辑：王 喆 李尧涵	网 址：www.bkydw.cn
图文制作：沈学成	印 刷：北京盛通印刷股份有限公司
责任印制：李 茗	开 本：889 mm × 1194 mm 1/16
出 版 人：曾庆宇	字 数：28 千字
出版发行：北京科学技术出版社	印 张：2.25
社 址：北京西直门南大街 16 号	版 次：2022 年 3 月第 1 版
邮政编码：100035	印 次：2022 年 3 月第 1 次印刷
ISBN 978-7-5714-1768-0	

定 价：45.00 元